领读者书系

从封闭世界到无限宇宙

（少年轻读版）

吴国盛◎著

猫先生漫画工作室◎绘

北京科学技术出版社

100层童书馆

图书在版编目（CIP）数据

从封闭世界到无限宇宙：少年轻读版 / 吴国盛著；
猫先生漫画工作室绘. -- 北京：北京科学技术出版社，
2025. --（领读者书系）. -- ISBN 978-7-5714-4562-1

Ⅰ. N091-49

中国国家版本馆CIP数据核字第2025ER3222号

策划编辑：刘婧文　张文军
责任编辑：刘婧文
营销编辑：何雅诗
图文制作：天露霖文化
责任印制：李　茗
出版人：曾庆宇
出版发行：北京科学技术出版社
社　　址：北京西直门南大街16号
邮政编码：100035
电　　话：0086-10-66135495（总编室）
　　　　　0086-10-66113227（发行部）
网　　址：www.bkydw.cn
印　　刷：雅迪云印（天津）科技有限公司
开　　本：889 mm×1194 mm　1/32
字　　数：35千字
印　　张：2.75
版　　次：2025年6月第1版
印　　次：2025年6月第1次印刷
ISBN 978-7-5714-4562-1

定　　价：28.00元

北科读者俱乐部

目　录

......（科学）革命需要时间来完成，革命也有其历史。包围这个世界并将其结合在一起的各个天球不是在一场剧烈的爆炸中刹那间灰飞烟灭的，世界之泡在爆裂并与周围空间融合之前还要生长和膨胀。

——亚历山大·柯瓦雷

（摘自《从封闭世界到无限宇宙》）

一本重要的科学史著作

　　这是一个完美、和谐、意义和目的并存于万事万物的封闭世界。在这里,以月亮为界,天地二分,秩序井然。天界永恒不变,地界变动不居。地界所有的事物都是由土、水、气、火四种元素以不同比例混合而成;天界则是由一种飘忽不定的元素——"以太"构成,所有天体都做着规律且稳定的匀速圆周运动。月亮之上,有水星天、金星天、太阳天、火星天……一直到最高天。最高天是上帝的居所。而宇宙之外,一片虚无。

这里描述的宇宙并非随口编造的，而是公元 1500 年前后，几乎所有欧洲人心目中确定的宇宙图景。

　　在如今的宇宙图景下，没有"以太"，也没有上帝，我们的宇宙处处均一，开放而无限。

　　身处于 16-17 世纪的人们经历了怎样的试探与冒险，以致自古希腊开始，在人类眼中持续了近两千年的宇宙会遭遇"天球的破碎和宇宙无限化"？为什么到今天，人们的宇宙观发生了如此大的变化？

无限宇宙

科学思想史学派的开创者亚历山大·柯瓦雷在他的著作《从封闭世界到无限宇宙》中，系统而全面地呈现了一场由库萨的尼古拉开始拉开序幕，经过哥白尼、开普勒、伽利略、笛卡儿、摩尔、莱布尼茨等思想家的接力探讨和争论，一直到牛顿画上完美句点的科学革命。

这一过程不仅错综复杂、令人千头万绪，而且动人心魄、彰显了参与者的英勇执着。人类那颠覆已知的勇气、对未知的好奇、富有理智的探险、对真理的不懈追求更是被凸显得淋漓尽致。

柯瓦雷认为现代科学和思想正是起源于16—17世纪的这一场和宇宙有关的深刻变革。这场变革不仅仅是教会人们使用新的科学方法、让人们看到新的经验事实、接纳新的科学真理那么简单，而是彻底改变了人们的底层思维框架。

现代思想

　　这种改变最明显的一个表现，就是古代那个秩序井然的、有限的、封闭的世界，最终成了无限的、几何化的宇宙。

　　宇宙观的变革引发了一系列反应，最后**塑造出了现代思想**。而柯瓦雷对科学革命的理解，也影响了整个西方学界看待现代科学起源的态度。

　　对我们今天而言，要想理解现代科学是怎么产生的，什么是现代科学的精神气质，柯瓦雷的这本书就显得尤为重要。*

---

* 本章文字改编自《从封闭世界到无限宇宙》张卜天译本译后记，以及高山科学经典第 47 期新闻稿和主持词。

柯瓦雷的人生

柯瓦雷是一个出生于俄罗斯的犹太人，但因为他的父亲是一个商人，常年在欧洲经商，所以他从小主要接受的是欧洲式的教育。

柯瓦雷的求学背景非常丰富，他早先跟着著名的现象学家胡塞尔学习**现象学**，后来又跟着数学大家希尔伯特学习**数学**，然后他又在法国巴黎跟着柏格森学**哲学**。

可以看出，柯瓦雷有着非常深厚的哲学背景和数学背景。

现象学
哲学
数学
胡塞尔
希尔伯特
柏格森

一战时期，他一度回到俄罗斯参战。十月革命以后，他又来到法国巴黎。

俄罗斯

法国

此后他一直在巴黎工作和生活，用法语写作，所以我们现在通常将他看作法国思想家，很少把他看作俄罗斯思想家。

思想家柯瓦雷又是怎么进入科学史领域的呢？

　　1932 年，他翻译了哥白尼的《天球运行论》，发现书里蕴藏了很多现代的思想，其中的变革因素非常重要，但没有引起人们的关注。因此，柯瓦雷就以此为契机，开始把他的**主要工作转向科学思想史领域**。

　　之后，他在埃及开罗大学任教，二战期间又在美国纽约社会研究新学院任教。二战结束后，柯瓦雷就在美国科学史领域有了很大的名气，影响了一代年轻的科学史研究者。

从某种意义上说，柯瓦雷在科学史的学科发展过程中有**纲领开创之功**。

　　我们通常认为，科学史有两位创始人，除了柯瓦雷之外，还有一位是乔治·萨顿，他被认为是这门学科制度构建意义上的创始人。比如他在美国哈佛大学招收科学史专业的学生，创办了科学史学的杂志，还创办了科学史学会。

但是乔治·萨顿的研究方法并不独特，他通常是把一项项科学成就直接按照时间顺序罗列出来。当时大多数人都是这么研究的。

而柯瓦雷创建了独特的研究纲领。至于有多独特，我们可以从这本《从封闭世界到无限宇宙》里窥见一二。

《从封闭世界到无限宇宙》写了什么？

柯瓦雷有很多著作，其中有三本已经被翻译成了中文。第一本是《伽利略研究》，第二本是《牛顿研究》，第三本就是我们正在谈论的这本《从封闭世界到无限宇宙》（以下简称《宇宙》）。

《伽利略研究》和《牛顿研究》是非常专业的著作，学术性很强，读起来颇具难度，一般来说只有专家才会关注它。

《从封闭世界到无限宇宙》则相对容易读，一是因为它**篇幅不长**，二是因为它**线索分明**，三是在于它本身是一部演讲录，所以我们这些普通读者也可以读懂。

　　这本书的标题就直接挑明了主题。柯瓦雷认为，现代科学革命的关键是思想革命，而思想革命的主题有很多，但最基本、最关键的就是从封闭世界走向无限宇宙。

图书诞生的背景——什么是封闭世界？

简单来说，封闭世界就是从古希腊一直到文艺复兴时期的欧洲人所持的世界观，大致就是开篇提到的那个模样。

这个世界观的关键词叫作 cosmos。Cosmos 是一个球形的宇宙模型。在这个模型里面，所有的星辰都镶嵌在一个巨大的天球之上，这个天球叫恒星天球。

恒星天球里面又包裹了很多行星天球，如金星、木星、水星、火星、土星，甚至包括太阳和月亮；而立于恒星天球中心的，就是地球。

封闭世界，指的就是天球套地球的两球宇宙模型。

　　受球状宇宙思想的束缚，文艺复兴时期以前的欧洲人从未有过飞天的尝试。像是寻找外星人、探索宇宙这些现在看起来稀松平常的想法，在文艺复兴以前都是匪夷所思、闻所未闻的。他们无法想象，也根本不相信，在恒星天球的外面，还有别的东西。

今天我们之所以能够非常自如地讨论有关宇宙的问题，能够讨论如何探索深空、开发宇宙，就是因为在文艺复兴时期，完成了一场重大的思想革命。那是一场什么样的思想革命呢？

那就是，有人站出来打碎了这个两球宇宙模型，开辟了一个无限的宇宙。

　　无限宇宙的观念让今天的我们可以自由自在地讨论飞入宇宙寻找外星人的话题，让一切关于宇宙探索的讨论变得合理、合法、理所当然。

　　因此我们说，通往现在宇航时代的第一个关键节点，就是要从封闭世界走向无限宇宙。

图书的脉络——从封闭世界到无限宇宙经历了怎样的过程?

从封闭世界到无限宇宙有一个过程,并不是一个人突然说"要打破原来的宇宙观",然后就真的打破了。实际上,整个世界观的变迁过程持续了上百年。

而《宇宙》这本书就告诉了我们,这个艰难而又迷人的思想转变是怎样的过程。

全书有12章，分别是：

第一章　天空和天国——库萨的尼古拉和帕林吉尼乌斯

第二章　新天文学和新形而上学——哥白尼、迪格斯、布鲁诺和吉尔伯特

第三章　新天文学与新形而上学的对立——开普勒对无限的拒斥

第四章　从未见过的事物和从未有过的想法：宇宙空间中新星的发现和空间的物质化——伽利略和笛卡儿

第五章　无定限的广延抑或无限的空间——笛卡儿和摩尔

第六章　上帝与空间、精神与物质——摩尔

* 摘自《从封闭世界到无限宇宙》，张卜天译，商务印书馆，2016 年 10 月出版。

全书用 12 章才完整叙述了这个过程，这一点证明 "无限宇宙" 这个概念并不是被一次性完整地提出来的。

仅仅看各章的章名，就能发现里面有很多我们耳熟能详的科学家，包括哥白尼、开普勒、伽利略、笛卡儿、牛顿……当然也有一些我们并不是特别熟悉的科学家。

有些人很早就提出了"无限宇宙"这个概念，可是这些人不是科学家，他们并没有开展系统的研究；有些人是科学家，可是他们却没有提出"无限宇宙"的概念。

　　例如哥白尼和开普勒，他们都是在天体运行的规律这一研究领域做出过突出贡献的科学家，但他们都不承认宇宙是无限的；伽利略和笛卡儿也在有意无意地回避"无限宇宙"的概念。真正主张"无限宇宙"概念的，反而是一位哲学家——布鲁诺。

无限宇宙

因此，我们可以看出，在近代科学的发展过程中，"无限宇宙"的概念并不是单纯由科学家提出来的，科学家们比较保守，而真正的提出者是激进的哲学家。

按照目录的脉络，我们可以一起看看，在整个思想演变的过程中，科学、哲学还有神学是如何像拉锯一样相互交错、不断发展的。

图书的讲述逻辑——一场思想变迁的全史

在导言的部分，柯瓦雷就开宗明义地说："17世纪的欧洲经历了一场思想革命"。这个说法当然不是他一个人提出的，当时很多哲学家和史学家都在谈论这个问题。但是柯瓦雷的想法很特别，他认为科学革命的主线是世界结构的变化，也就是宇宙观的变化。

平直

无限

　　柯瓦雷认为，自希腊以来的有限宇宙观解
体，我们迎来了一个空间几何化的时代。空间
的几何化，也就是空间的无限化，因为欧几里
得空间就是平直的、无限的。

　　这件事情是怎么发生的？

　　在第一章里，柯瓦雷说，其实在中世纪晚
期，已经有人使用过"无限宇宙"的概念，比
如德国的思想家、神学家——库萨的尼古拉。

不过柯瓦雷认为，**库萨的尼古拉说的这个宇宙，并不是科学的宇宙**，他也不是哥白尼学说的先驱。

库萨的尼古拉只是区分了一下天空和天国。他认为，天国是神学意义上的，而天空是物理意义上的，所以柯瓦雷说，"无限宇宙"的概念并不是库萨的尼古拉首先提出来的。

在**第二章**，柯瓦雷谈到哥白尼和布鲁诺。

哥白尼是最早提出"日心说"的科学家，他摧毁了以地球为中心的传统宇宙秩序。但是，他仍然保留了宇宙秩序本身的概念。比如，他相信宇宙有一个中心，太阳就是这个中心，行星的运动仍然在天球上进行。

有一个中心，就意味着宇宙还是有限的，因为无限的事物无法确定一个中心。因此，**哥白尼仍然是宇宙有限论者**。

直到后来，布鲁诺明确提出宇宙是无限的。
在公众的心目中，布鲁诺是一个因为支持哥白尼的"日心说"而被教会处以火刑的科学先驱者。

但实际上，一般的科学史研究者并不把他看作一位科学家，因为他在科学领域基本没有什么建树，反而认为他是一名宗教上的异端激进派人士，并不怎么高看他。并且布鲁诺提出"无限宇宙"并不是根据科学，而是根据他自己的哲学。

　　但柯瓦雷很看重布鲁诺，认为他并不只是哥白尼的追随者，反而比哥白尼更加明确地表述了"无限宇宙"的观念。

　　像"无限宇宙"这样的思想，在当时是非常奇怪的，因为当时的西方思想崇尚确定性，知识界普遍认为科学知识的本质就是确定性。

而"无限"则意味着不确定。在西方思想里，这是一个不好的词，人们都避而远之。而布鲁诺在这种文化背景下，敢于表达"宇宙是无限的"这样的突破性观念，体现了他具有非常强大的勇气，所以柯瓦雷高度赞扬他。

　　柯瓦雷也是想通过这件事说明，科学思想有的时候并不是科学家先提出来的，反倒是由一些"怪人"先提出来的。

无限

无限

第一位提出无限大的宇宙包含无穷多星星的天文学家是迪格斯。他是英国著名的哥白尼主义者。

迪格斯发现，一旦地球在运动，恒星天球就没有了存在的必要。过去，为了解释全体恒星每天都在绕地球转动这一说法，最好的办法就是假设所有的恒星都在一个球面上。这样，研究恒星转动的时候，只要考虑其中一颗恒星，就能代表所有恒星。

可是哥白尼说地球自己在转，我们看到的恒星在转动，其实是因为地球自己在绕着太阳旋转。这说明，恒星在一个球面上的想法已经没有必要存在了。

迪格斯最早意识到这一点，因此他修改了哥白尼著名的太阳系示意图，将原图中位于最外层的众多恒星从固定的单一圆形轨道上解放出来，散布到太阳系外广袤无垠的太空中。

　　迪格斯打破了恒星天球，但保留了行星天球，这也是哥白尼革命必然的结果。

37

　　第三章讲的科学家是开普勒。开普勒可谓是近代天文学革命的一员得力干将。开普勒曾明确地说，一个东西能被看见，与它本身是无限的，这两个说法互相矛盾，因此他坚决反对无限宇宙的学说。他打破了行星天球，却保留了恒星天球。

　　柯瓦雷认为，开普勒毕竟是个科学家，他只承认看到的东西。

但是，柯瓦雷指出：**无限宇宙不是经验科学的结论，而是经验科学的前提。**

这一点非常重要，无限宇宙本身是一个哲学观念，而且是一个为科学提供前提的观念。任何能看到的东西都是有限的，我们无法看到无限，所以开普勒从观察中永远都无法得到无限宇宙的结论。

第四章提到了伽利略和笛卡儿，他们对此又是什么态度呢？

他们含糊其词，或是故意回避，或是不感兴趣。但其实，他们早已经被迫接受了"无限"的概念。

那个时候，伽利略和笛卡儿已经提出了惯性定律，而包含直线运动这个概念的惯性定律就意味着空间必须是无限的，毕竟直线是无限长的。可他们却不敢明说。

为什么他们二人持这样的态度？

笛卡儿难以摆脱上帝的观念，他认为宇宙作为上帝的造物总要比上帝低一等。如果上帝是无限的，那宇宙只能是低一等的存在。笛卡儿为此创造了一个词："潜无限"，就是比无限差一点儿；而如果上帝是有限的，那宇宙只会更加有限。

因此，笛卡儿在上帝观念的约束下，不愿意承认"无限宇宙"的存在。

第五章和第六章引入了一个新的人物——摩尔。摩尔和笛卡儿是同时代的人，他们之间还曾经有过笔墨官司。

柯瓦雷一直相信"无限宇宙"的概念来自柏拉图主义的复兴。柏拉图和亚里士多德是古希腊的两位大师。中世纪盛行的是亚里士多德的宇宙论，而柏拉图的宇宙论更加强调数学化、纯粹的形式和无限性。

因此，作为新柏拉图主义的研究者，摩尔**公开反对笛卡儿的理论**。他明确主张"无"也可以测量，"虚空"也可以有大小。

　　判断"虚空"和"无"是否可以测量和有没有大小，是一个很麻烦的问题。虚空本来就是空的，要怎么对空进行测量呢？难道还有更大的空或是更小的空吗？这怎么可能？

无限宇宙

　　要知道，思想变迁中遭遇的很多困境，最后都不是通过理性的方式解决的，而是通过上帝的介入。

　　摩尔就认为，上帝可以来度量这个"无"，可以度量虚空的大小。**他利用上帝这样一个神学上的决定性因素，实现了空间的无限化，推进了空间无限化的思想。**

第七章介绍了**牛顿**是怎么看待"无限宇宙"这个问题的。

　　牛顿的思想不是凭空出现的，他在英国剑桥大学待了二三十年，所以**剑桥大学的很多思想家都影响到了牛顿**，其中就包括摩尔。牛顿后来提出绝对空间、绝对运动的思想，就是受到摩尔的影响。可牛顿的著作里并没有引用摩尔的文章，这中间似乎欠缺了一环，所以柯瓦雷说，这条线索链还不完整，还需要再寻找其他线索。

　　在第八章里，柯瓦雷就找到了一个叫拉弗森的人。

　　拉弗森是摩尔的崇拜者，他的著作里有很多摩尔的思想，而牛顿又曾经引用过拉弗森的文章，这样就可以证明，牛顿是通过拉弗森才受到摩尔的影响的。

紧接着，第九章就详细讲述了牛顿的世界观。

　　牛顿是"无限宇宙"概念最明确的、对后世影响最大的表述者。如果说布鲁诺当年的表述至多只是一个哲学家的奇思怪想，牛顿已经将"无限宇宙"概念嵌入牛顿力学之中了。

无限宇宙

牛顿力学

牛顿承认虚空的存在，而笛卡儿不承认。**笛卡儿在当时提出了一个涡旋模型**来解释行星的运动。

为什么天球的概念被打破以后，月球还绕着地球转动，地球还绕着太阳转动呢？为什么火星、水星这些行星没有乱跑？

笛卡儿说，这是因为宇宙间充满了大大小小的涡旋，这些涡旋把位于其中的行星裹挟在一起，共同绕着中心转动。

牛顿却说，不存在涡旋，只有虚空。

虚空里面什么都没有，因为如果有其他东西，行星运动的规律就无法满足开普勒定律，所以牛顿认为，虚空是我们理解世界的基本框架。

有了虚空，这个世界上还需要有微粒。

微粒在虚空中运动，是牛顿描述的一个基本世界图景。学过牛顿力学的人都对此深信不疑。

微粒

今天我们面对世界的种种现象，也依然要通过大量微粒在虚空中的运动来理解。这就是牛顿创造的世界。

　　但是虚空本身是一个很麻烦的概念，因为虚空就意味着什么都没有。物理学又要怎么处理什么都没有呢？

虚空

因此，虚空的概念一定是通过某种哲学或神学的外部力量强加进物理学的，然后这个强加的概念就被牛顿有机地整合到牛顿世界图景里去了。

把神学的无限引入物理学，成为物理学的"无限"概念是科学发展很重要的一步。

　　牛顿力学的崛起远远不是我们想象中那样，仅仅收集一些观察资料然后提出一套被人们广泛认可的理论那么简单。**牛顿可以说是现代世界的开创者。**

　　我们常常会说，牛顿第一定律并不是一个经验定律，因为我们从来没有见过一个物体不受任何力一直沿直线向前走的现象，所以这是一个构造性的定律。

有了牛顿，有了这样的定律，**人们看待世界的方式就变得不一样了**。

因此，从这个角度也能看出，"无限"这个概念并不是科学探索的结果，而是先决条件，是在哲学、神学和科学的互动过程中产生的。

看起来，"无限宇宙"这个现代观念到牛顿这里已经作为前提出现了，但是柯瓦雷区分了牛顿和牛顿派学者。

这是牛顿

这是牛顿派学者

他觉得在牛顿本人那里，上帝这个角色是不可或缺的，"无限"依然归于上帝的属性。而牛顿本人的宇宙观念不仅是"无限宇宙"那么单纯。

不！亲爱的上帝，"无限"还是属于您的！

　　事实上，牛顿的"无限宇宙"主要还是一个针对空间的概念。至于无限的物理宇宙是什么样子，牛顿并没有想过。

　　当然，牛顿提出的这个"奇怪"体系并不是没有人反驳，第十章和第十一章里就提到了牛顿的反对者。

一位是著名的"反派"哲学家、主观唯心主义的代表，贝克莱。

贝克莱是个彻底的经验论者，他认为绝对时空的概念是不存在的，因为它没法通过人们的已有经验进行论证。因此，他站出来反对牛顿的宇宙观。而且，贝克莱强调，空间要么是上帝本身，要么与上帝并列。

我是上帝，也是空间！

我和上帝并列！

第二个反对牛顿的是莱布尼茨。

　　莱布尼茨和牛顿曾经在微积分发明权的问题上打过官司，他们互相指责对方剽窃。除了在微积分上有版权之争，他们的上帝观念、神学思想也是不一样的。

莱布尼茨的上帝是一个理性的上帝，他认为上帝创造完世界之后，就让世界非常完美地按照既定的规律运行，不再插手这个世界。

　　而**牛顿的上帝恰恰是一个喜欢插手的上帝**，始终干预他创造的世界，始终是世界的主人，具有支配性和全能性。

上帝不作为！

莱布尼茨强烈反对牛顿的观点。他认为如果承认上帝一直在干预世界，就等于承认上帝创造的世界是不完美的，可是完美的上帝又怎么会创造不完美的东西？

柯瓦雷形容，牛顿的上帝是工作日的上帝，而莱布尼茨的上帝是安息日的上帝，已经休息了，不用再管其他事情。

上帝在工作！

在最后第十二章的结语里，柯瓦雷对一百多年的思想历程做了一个回顾。

首先，他特别谈到牛顿的上帝观虽然是幼稚的，但是由于牛顿力学特别成功，所以牛顿力学里面夹带的上帝观念、绝对时空概念跟着一起大获全胜。由于万有引力的公式在物理界具有重大意义，能够解释和预言很多现象，所以18世纪的人们就把引力看作物质的固有属性。

但是大家注意，牛顿本人从来没有说万有引力是物质的固有属性。牛顿当年很谨慎，他表示自己并不清楚万有引力究竟是什么。

　　其次，世界的无限性终于被认可了。牛顿第一定律提出，一个不受力的物体始终会保持静止或匀速直线运动。提到直线运动，就意味着已经默认世界必须是无限的。

　　因此，由于牛顿力学本身非常成功，所以世界的无限性也被人们一块儿认可了。

上帝观念

无限宇宙

牛顿力学里本来是有上帝的位置的。

牛顿提出，地表的物体之所以会自由下落，是因为引力的存在；而月亮受到引力却没有下落的原因，是月亮拥有一个绕着地球旋转的横向速度。

可是这个横向速度是怎么来的？

地球

牛顿无法回答，因此他把产生这个速度的动力称作第一推动力，认为是上帝给的力量。

　　很多人说，牛顿这是在"夹带私货"，宣传他的上帝。但其实不然，反而是**上帝救了牛顿的宇宙**，因为牛顿的宇宙曾经也引发了一个悖论——夜黑悖论。

上帝之手

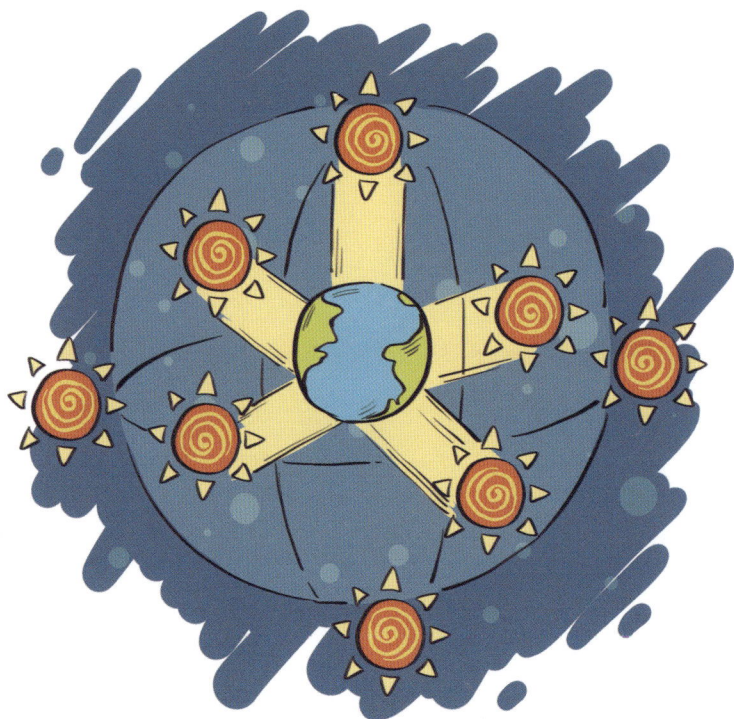

　　夜黑悖论说的是，如果宇宙真的是无限的，那无限的宇宙中就应该有无数个太阳；如果有无数个太阳，那这个世界就应该被全部照亮，黑夜也就不复存在。

　　因此，牛顿的宇宙观不能深究，有的问题只能靠"上帝存在"这个假设来勉强解释。

牛顿的理论后来不断完善发展，直到 18 世纪法国科学家发现，**牛顿力学凭借自身就足以解释这个世界**，比如说太阳系的稳定性问题，**根本无须请上帝帮忙**。

虽然牛顿本人还是希望上帝接着干活，希望上帝始终操控着、关怀着他所创造的这个世界，但牛顿力学客观上让上帝变得无所事事。

　　法国著名的天文学家拉普拉斯曾经写了一本《天体力学》。在他把这本书送给拿破仑之后，拿破仑翻了很久，结果发现书里没提到上帝。拿破仑很疑惑，问拉普拉斯为什么天体的运行和上帝无关。据说拉普拉斯回复说："陛下，我不需要这个东西了。"

他的这句话宣告了牛顿力学彻底让上帝赋闲，牛顿力学以及之后扩展的数学化的牛顿力学就足以解释我们宏观领域里见到的所有现象。

虽然上帝无所事事，但是他无限的秉性遗传给了宇宙，所以无限的宇宙其实就继承自上帝的无限性。

柯瓦雷借此终结了全书的讨论。

《从封闭世界到无限宇宙》的意义

柯瓦雷的这本《从封闭世界到无限宇宙》意义何在?

我们常常评价其为科学思想史的经典之作,因为它告诉了我们怎么研究科学史,怎么写历史。

作为科学思想史的开山祖师,柯瓦雷告诉我们,第一,**科学思想的历史其实就是观念结构的变迁史。**

每一个科学理论背后都有观念支撑，观念的变迁会带动其他一系列观念的变迁，所以科学思想史其实就是观念的变迁史。人们常常提到的空间、时间、宇宙、自然、物质、运动这些自然科学的基本概念，在这场科学革命中都发生了根本的改变。

　　既然说研究科学史其实主要是研究观念变革史，**那观念变革史要怎么研究呢**？

至今

观念

从古

不同观念

　　柯瓦雷又提出，先要理清观念的结构性因素，了解这些观念是怎么相互支撑，又如何演变成相互拆台，最后又是怎样引发新的观念。这就是他的研究方法。

　　柯瓦雷的这本书，**把思想观念变革这个过程的细节、不同观念之间的冲突合谋梳理得特别清楚且波澜壮阔**。而且其中对很多科学大人物的分析，和我们的一般印象都相当不一样。

第二，柯瓦雷**特别重视对原始文献的详细遍览和研究**。

　　这也开创了科学史研究里面一个重要方法，就是不要仅仅停留在概念上，而是要**找到最原始的文本依据**。就像查案，每一个说法都需要顺藤摸瓜找到切实证据，比如去证实摩尔与牛顿间的联系。如此这般，才能理清这些概念经历了怎样的变迁。

起源

概念

科学思想

神秘主义

哲学

神学

艺术

第三，柯瓦雷强调，**科学思想史一定不是孤立的科学概念史**。

在他看来，没有一个可以从思想背景中单独分离出来的科学家或者科学思想，科学思想总是和一个时代的整体思想背景联系在一起。每一个科学概念的含义和变迁，都与哲学、神学，甚至艺术和神秘主义等密切关联。

宇宙的无限化，必定不是仅仅通过新的科学发现就能被大众认知的，它一定还伴随着哲学和神学思想的演变。

因此，我们可以看出，柯瓦雷的科学思想史并不是保守的、封闭的，与那些仅仅就科学论科学的历史相反。他的视野很宽阔，或许源于他丰富的教育经历。但无论如何，这种开放的、将万物联系起来的观念，对任何研究而言，都是非常重要的。

走向无限宇宙

封闭世界和无限宇宙，其实可以用两个符号来表示。一个是圆圈，代表封闭世界；另一个是直线，代表无限宇宙。

对圆的崇尚是希腊人独特的审美偏好。在古希腊的物理学里面，一个物体做匀速圆周运动是不用解释的，被称为天然运动；然而，如果一个物体做直线运动，那就需要进行解释。

完美！

但是我们今天知道，物体只要不受力，就会静止或者保持匀速直线运动，这才是不需要解释的；反而当物体做圆周运动时，需要单独解释向心力这件事。

不完美！

由此可以看出，对运动的解释，基点发生了根本性逆转，而这个逆转用柯瓦雷的话来说就是从封闭世界走向无限宇宙。

也许你会觉得不可思议，那么多的科学观测证据、那么多的计算模型都在支持"宇宙无限"的观念，为什么古人接受起来这么困难？

有限宇宙

其实答案就在于，西方世界千余年来都在努力论证一个可以被理解的世界，一个被神创造并受到神明关照的世界。而一旦这个世界浩渺无穷，就意味着不可被理解，也无法被保护。

　　因此，就算有证据，人们也还是不愿意捅破这层窗户纸，去承认宇宙的无限性。

今天的我们已经可以坦然接受，这个世界是无限的、处处统一的、没有目的的、不受神明保护的。

即便这个宇宙如同一盘散沙，缺乏差异和等级，但是借助"无限宇宙"的观念，我们得以面向更广阔的未来。

科学　科学背景

　　我们今天带领大家一起了解柯瓦雷，其实也是想加深大家对科学发展历史背景的理解。

　　不要一提到科学，就是先观察，再概括，然后就埋头做实验。我们想让大家知道：科学不是孤立的研究，它和文化一样有着深厚的背景和发展历程，只有了解背景，才能真正理解科学。

因此，希望我们都可以翻开《从封闭世界到无限宇宙》这本书，只有回到现代科学起源的那一天，跟随一代又一代科学家思想变革的脚步，才能明白如今的科学大厦是如何搭建而成的，才能明白现代科学的产生基于一个全局性的、整体性的、天翻地覆的观念的改变。

科学家

起源

  我也希望大家都能明白，**这世上没有绝对的天才**，就算是我们熟知的那些科学伟人，比如哥白尼、伽利略、牛顿，他们也在不断探寻正确的科学方法和科学真理，又通过几代人慢慢积累，最终才驱散了愚昧；并且，每一个天才的想法都不是横空出世的，这个过程背后经历了一系列胶着、激烈的观念的搏斗，才有了断裂式的、革命式的理论创新。

同时，这世上也没有绝对的真理，你也可以放心大胆地去质疑科学家们提出的设想。就像我们完全可以说，无限宇宙也不是完全正确的理论。毕竟爱因斯坦也这么说。当然，这就是另一个故事了。

最后，我想引用柯瓦雷在该书的前言中的一句话来告诉大家，科学思想的改变是多么来之不易，又是多么至关重要：

"当我研究 16、17 世纪科学和哲学思想的历史时，我总是一再感到，它们联系得如此紧密，以至于撇开其中任何一方，另一方都将变得无法理解。和许多前人一样，我经常不得不承认，在此期间，整个人类，或者至少是欧洲人的心灵经历了一场深刻的革命，这场革命改变了我们的思维框架和模式，近代科学和哲学既是其根源又是其成果。"

从封闭世界到无限宇宙

科学史的学科纲领创始人

作者:柯瓦雷

《天球运行论》

《关于托勒密和哥白尼两大世界体系的对话》

《自然哲学之数学原理》

关联图书

《从封闭世界到无限宇宙》

主要内容:16、17世纪科学革命的全过程

库萨的尼古拉	哥白尼	布鲁诺	迪格斯	开普勒	伽利略和笛卡儿
区分了天空和天国	提出日心说,但依然支持宇宙有限论	明确提出宇宙无限	将恒星从天球中解放并散布于太空中	无法"观察"到无限,因此坚决反对无限宇宙论	接受宇宙无限论,但不敢明说

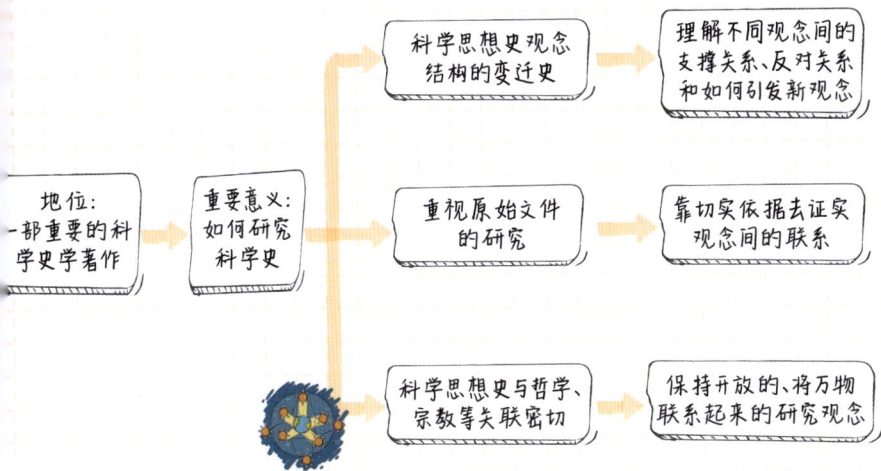

科学思想史观念结构的变迁史 → 理解不同观念间的支撑关系、反对关系和如何引发新观念

地位：一部重要的科学史学著作 → 重要意义：如何研究科学史

重视原始文件的研究 → 靠切实依据去证实观念间的联系

科学思想史与哲学、宗教等关联密切 → 保持开放的、将万物联系起来的研究观念

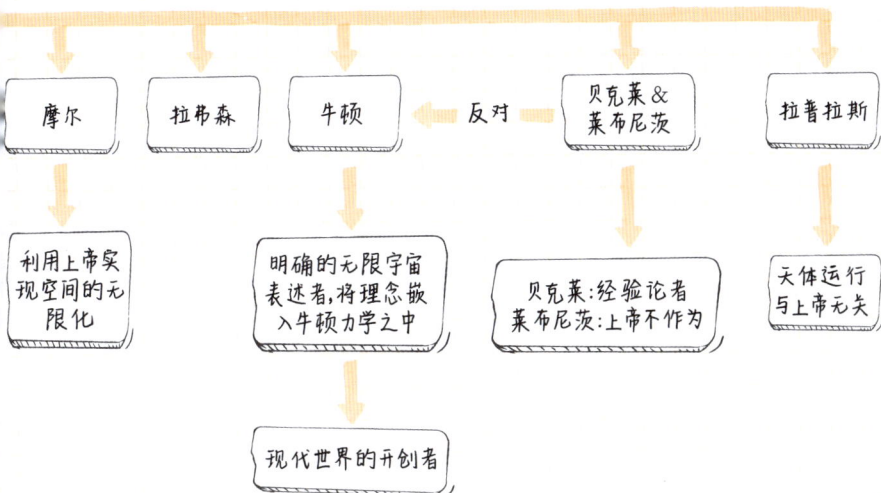

摩尔

拉弗森

牛顿 ← 反对 → 贝克莱&莱布尼茨

拉普拉斯

利用上帝实现空间的无限化

明确的无限宇宙表述者，将理念嵌入牛顿力学之中

贝克莱：经验论者　莱布尼茨：上帝不作为

天体运行与上帝无关

现代世界的开创者

领读者书系：
科学经典篇
（第一辑）

- 天球运行论（少年轻读版）

- 关于托勒密和哥白尼

  两大世界体系的对话（少年轻读版）

- 自然哲学之数学原理（少年轻读版）

- 从封闭世界到无限宇宙（少年轻读版）

- 星云世界（少年轻读版）

- 几何原本（少年轻读版）

- 笛卡儿几何（少年轻读版）

- 化学基础论（少年轻读版）

- 物种起源（少年轻读版）

- 狭义与广义相对论浅说（少年轻读版）